气象灾害应急避险简明手册
——雷电

历象 编

图书在版编目（CIP）数据

气象灾害应急避险简明手册. 雷电 / 历象编. — 北京：气象出版社，2018.2（2021.12 重印）
ISBN 978-7-5029-6735-2

Ⅰ.①气… Ⅱ.①历… Ⅲ.①气象灾害-灾害防治-手册②雷-灾害防治-手册③闪电-灾害防治-手册 Ⅳ.① P429-62 ② P427.32-62

中国版本图书馆 CIP 数据核字（2018）第 032956 号

Qixiang Zaihai Yingji Bixian Jianming Shouce——Leidian
气象灾害应急避险简明手册——雷电

出版发行：气象出版社	
地　址：北京市海淀区中关村南大街 46 号　邮政编码：100081	
电　话：010-68407112（总编室）　010-68408042（发行部）	
网　址：http://www.qxcbs.com　E-mail：qxcbs@cma.gov.cn	
责任编辑：侯娅南	终　审：张　斌
责任校对：王丽梅	责任技编：赵相宁
封面设计：符　赋	
印　刷：北京中科印刷有限公司	
开　本：880 mm×1230 mm　1/64	印　张：0.25
字　数：10 千字	
版　次：2018 年 2 月第 1 版	印　次：2021 年 12 月第 2 次印刷
定　价：5.00 元	

本书如存在文字不清、漏印以及缺页、倒页、脱页等，请与本社发行部联系调换

目录

一、什么是雷电 ································ 1

二、事例 ······································· 2

三、预警信号及图标 ·························· 4

四、避险措施 ·································· 5

一、什么是雷电

雷电是同时伴有闪电和雷鸣的一种自然现象，一般指雷暴天气雷雨云产生的云闪和云地电闪。这种超长距离的闪电放电产生强大的电流，同时还会伴随强烈的发光、高温、电磁辐射、冲击波和隆隆雷声，光、电磁和声发射是同一个闪电放电过程产生的不同物理效应和现象。

二、事例

2004年6月26日,浙江省台州市临海市杜桥镇杜前村及附近村的30名村民在大水杉树下避雨时遭遇雷击,造成17人死亡、13人受伤。

2009年6月13日,5人在攀爬箭扣长城时遭遇雷击,其中一对夫妻因雷击跌落山下,不幸身亡,另外3人因惊吓过度,被困在长城上。

2012年7月14日下午5点左右,一群社会人员在上海市浦东新区高行中学足球场踢球时遭遇雷击,造成1人身亡、3人受轻伤。

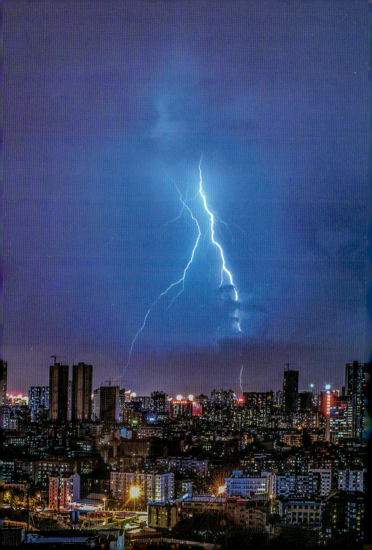

三、预警信号及图标

雷电预警信号分三级,分别以黄色、橙色、红色表示。

雷电黄色预警信号

标准:6小时内可能发生雷电活动,可能会造成雷电灾害事故。

雷电橙色预警信号

标准:2小时内发生雷电活动的可能性很大,或者已经受到雷电活动影响,且可能持续,出现雷电灾害事故的可能性比较大。

雷电红色预警信号

标准:2小时内发生雷电活动的可能性非常大,或者已经有强烈的雷电活动发生,且可能持续,出现雷电灾害事故的可能性非常大。

四、避险措施

身处室内

⊙ 关闭门窗。

⊙ 若处在没有防雷装置的房屋内,应断开室内电器的电源,并断开网线和电话线;不要接触水管、金属门窗、建筑物外墙等。

⊙ 最好不要洗澡,尤其避免使用太阳能热水器。

身处室外

⊙ 不要开摩托车、骑自行车赶路,更不要奔跑,应就近躲避。

⊙ 远离树木、电线杆、烟囱等尖耸、高大、孤立的物体，不宜进入孤立的棚屋、岗亭等建筑物。

⊙ 远离开阔水域,停止游泳、划船或垂钓,立即上岸躲避。

⊙ 应迅速躲进室内或深山洞、防空洞、地下通道、地铁站等地方,封闭的汽车内也是相对安全的避雷场所。

⊙ 停止室外运动,如踢球、跑步等。

⊙ 若处在空旷的地方，不要打伞，或扛锄头、钓鱼竿、高尔夫球杆等金属物体，应避免使自己成为"尖端"，立即就近选择地势较低的地方蹲下，双脚并拢，手放在膝上，身体向前屈，但不能趴下。

⊙ 人多时不要集中在一起，或者牵着手，应保持一定距离。

⚠ 提示：没有绝对安全的避雷场所，但采取以上措施会明显降低雷击风险。